北京科技报 专家团队 策划审定

未来科学家科普分级读物（第一辑）

恐龙大探索

小多科学馆 编著　石子儿童书 绘
白泽 内容编辑

U0281363

"科普天团"
ke pu tian tuan　liang shen da zao
为少年量身打造的
科普分级读物
ke pu yue du　fen ji du wu

电子工业出版社
Publishing House of Electronics Industry
北京·BEIJING

目录

认识恐龙

史前凶兽的秘密武器

恐龙的真身

技术再现恐龙

当暴龙遇上南方巨兽龙

——两个恐龙迷的一周

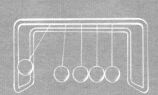

认识恐龙

三叠纪是 2.5 亿 ~2 亿年前的地质时代，前承二叠纪，后启侏罗纪，是中生代的第一个纪。在三叠纪，翼龙和恐龙的祖先开始出现，也演化出了早期的槽齿龙和板龙之类的恐龙。

劳氏鳄，生活在三叠纪中期，很像鳄鱼，化石发现于巴西。

鸟鳄，生活在三叠纪晚期的卡尼期，化石发现于苏格兰。

板龙，生活在三叠纪晚期，是最早被命名的恐龙之一。

腔骨龙，小型肉食性双足恐龙，也是目前发现的最早的恐龙之一。

脉鳄，生活在三叠纪晚期，身长约2米。

双脊龙，生活在约1.93亿年前，是已知年代最早的侏罗纪恐龙之一。

三叠纪晚期还出现了世界上最早的乌龟——原颚（è）龟。三叠纪晚期发生了一次大规模生物灭绝事件，虽然其中也包括一些恐龙，但部分恐龙幸存下来，并从侏罗纪中晚期开始主宰中生代。

剑龙，以背上有一排巨大的骨质板及带有四根尖刺的尾巴而著名，生活在侏罗纪晚期。

嗜（shì）鸟龙，是小型兽脚类恐龙，生活在侏罗纪晚期，接近现代北美洲的地方。

异特龙，是最早被发现的兽脚亚目恐龙，也是非常著名的大型肉食性恐龙。

迷惑龙，过去被称作"雷龙"，是陆地上存在的最大动物之一，身长可达26米。

侏罗纪恐龙

侏罗纪是三叠纪和白垩（è）纪之间的地质年代，始于约 1.996 亿年前，结束于 1.455 亿年前。侏罗纪是中生代的第二个纪，三叠纪－侏罗纪灭绝事件开启了它的序幕。因为这次灭绝事件，侏罗纪早期地球上的动植物非常稀少，但在这样的环境下，恐龙得到了前所未有的发展，成为地球上最繁荣的优势物种。

梁龙，生活在侏罗纪末期，脖子和尾巴都极长，曾被认为是最长的恐龙。

腕龙，身长能超过 25 米，既是地球上存在过的最大的陆地动物之一，也是最著名的恐龙之一。

弯龙，生活在侏罗纪晚期至白垩纪早期的北美和英国，当四足站立时，身体呈拱形。

美颌龙，生活在侏罗纪晚期，和火鸡差不多大。

波塞东龙，目前已知最高的恐龙，可能高达17米，身长接近35米，体重有50多吨。

棘（jí）龙，背上长着巨大的棘，是已知最大的肉食性恐龙，身长可达15米。

棱齿龙，生活在白垩纪早期的欧洲，是小型双足植食性恐龙。

恐爪龙，后脚第二趾上长着可怕的镰（lián）刀状利爪，也是最著名的恐龙之一。

小盗龙，四肢和尾巴都长有羽毛，化石发现于中国。

白垩纪恐龙

　　白垩纪是中生代的最后一个纪,位于侏罗纪和新生代的第一个纪——古近纪之间。白垩纪开始于约 1.455 亿年前,结束于 6550 万年前,长达 8000 万年,是显生宙最长的一个阶段。

无齿翼龙,生活在白垩纪晚期的北美洲,翼展长达 9 米。

阿根廷龙,可能是地球上曾经生活过的最大的陆生动物,体重在 75 吨左右。

栉龙,少数在大多数大陆上发现过的恐龙之一,可以用两足或四足行走。

南方巨兽龙,比霸王龙还长,但是体重轻一些,可能仅次于赫龙。

盔龙,鸭嘴龙科的一员,生活在 7700 万 ~ 7650 万年前的北美洲。

牛角龙,拥有陆生动物中目前已知的最大的头骨,有科学家认为它其实只是成年的三角龙。

恐龙的发展在白垩纪达到顶峰，然而在白垩纪末期，恐龙突然全部灭绝。这起发生在白垩纪末期的灭绝事件，是中生代与新生代的分界。

无畏龙，生活于白垩纪，体重可达65吨。

三角龙，最晚出现在地球上的恐龙之一，经常和暴龙一起出现在各种影视作品里。

甲龙，一身重型装甲和巨大的尾锤让它同样成了最著名的恐龙之一。

暴龙，恐龙灭绝前最后出现的、最著名的种类，凶猛的它作为恐龙时代的代表是毫无异议的。

史前凶兽的秘密武器

8300 万 ~ 7000 万年前

7500 万 ~ 6500 万年前

伤齿龙

伶盗龙

化石在蒙古国被发现。

基本特征 身披羽毛的迅猛猎手，常在夜色掩护下成群出击。

秘密武器 敏锐的鹰眼和锋利的趾爪。

化石在美国和加拿大被发现。

基本特征 假设恐龙没有灭绝，伤齿龙的后代定能凭脑力称霸世界。

秘密武器 脑容量是体形大小相当的其他恐龙的 6 倍。

剑龙

化石在美国和葡萄牙被发现。

基本特征 危险的猎物，背部长满了大型的骨板。

秘密武器 尾巴上的 4 个尾刺甩在异特龙身上能打出窟窿。

镰刀龙

化石在蒙古国被发现。

基本特征 最古怪的植食性恐龙，拥有一副镰刀般的巨爪。

秘密武器 近 1 米长的指爪，用来抓取树叶和防御敌人。

恐爪龙

化石在美国被发现。

基本特征 鸟类的远祖，天生恐怖的利爪，擅长团队作战。

秘密武器 牙齿和脚上的第二趾爪。

高高手级

6650 万 ~ 6550 万年前

甲龙

1.54 亿 ~ 1.5 亿年前

梁龙

化石在美国被发现。

基本特征 蜥脚类恐龙里的巨兽，有着修长的脖子和鞭子一样的尾巴。

秘密武器 以迅雷不及掩耳的速度，扬起长尾扫向敌人。

化石在美国和加拿大被发现。

基本特征 恐龙里的"装甲车"，全身的厚甲上布满了尖刺和脊突。

秘密武器 尾部的重锤没准能打断敌人的腿骨。

犹他盗龙

1.39 亿 ~ 1.34 亿年前

化石在美国被发现。

基本特征 最大型的驰龙科恐龙，以攻击速度快而著称。

秘密武器 跳起后用镰刀形利爪扑向猎物。

风神翼龙

7000 万 ~ 6500 万年前

化石在美国被发现。

基本特征 中生代的空中霸主，生物进化史上最大的飞行动物。

秘密武器 从天而降，用巨嘴活吞小型猎物。

阿根廷龙

9600 万 ~ 9400 万年前

化石在阿根廷被发现。

基本特征 迄今为止发现的体形最大的恐龙，也是最大的陆生动物。

秘密武器 用庞大强健的前肢踩踏敌人。

高高高手级

1.55 亿 ～ 1.5 亿年前

异特龙

化石在美国被发现。

基本特征 侏罗纪的终极猎手，集敏捷和杀伤力于一身。

秘密武器 血盆大口可以最大角度张开来吞食猎物。

1.12 亿 ～ 9700 万年前

棘龙

化石在埃及被发现。

基本特征 体形最大的肉食性恐龙，以背部帆状的长棘得名。

秘密武器 像巨型鳄鱼一样，潜伏在水里伺机而动。

7100万～6600万年前

沧龙

9900万～9300万年前

马普龙

化石在荷兰被发现。
基本特征 海洋中爬行动物类的顶级掠食者，不输于最强悍的恐龙。
秘密武器 巨鳄般的长嘴奇速突袭。

化石在阿根廷被发现。
基本特征 成群结队地袭击庞大的阿根廷龙，往往出奇制胜。
秘密武器 刀刃一样锋利的牙齿，不费吹灰之力就可以撕裂猎物的肌肉。

绝世高手级

6700 万～6550 万年前

暴龙

化石在美国和加拿大被发现。

基本特征 生物进化史上无与伦比的冠军杀手。

秘密武器 锥形的利齿能轻松咬碎骨头，高达 5.7 吨的咬合力是陆生猛兽之最。

约 9700 万年前

南方巨兽龙

化石在阿根廷被发现。

基本特征 来自南半球的巨型刺客。

秘密武器 1 米多深的巨嘴里遍布锋利无比的牙齿。

恐龙的真身

植食还是肉食

　　恐龙既有食草的也有食肉的。不过，恐龙时代的草（被子植物）并不繁盛，因此我们将吃植物的恐龙称为植食性恐龙。植食性恐龙需要比肉食性恐龙更大的肠道来存放食物。早期植食性恐龙的内脏很沉重，这使它们难以保持平衡。后来它们进化为四足行走，发展出长颈来寻找食物，比如迷惑龙。

迷惑龙

　　肉食性恐龙是二足动物，用后肢站立和行走，可以快速奔跑。它们有巨大的可以进行撕咬的牙齿和能够前伸进行捕捉的前肢，通过尾巴保持身体平衡。所有的肉食性恐龙，无论是小鸡大小的秀颌龙还是12米长的暴龙，都是这种身形。

霸王龙

另一些有巨大肠道的植食性恐龙的内脏悬在后肢之间。这些恐龙仍然能够保持平衡并且依靠后肢行走。禽龙和副栉（zhì）龙就是二足的植食性恐龙。有些二足恐龙进化出了铠甲，因为这些铠甲增加了体重，所以它们选择四足行走，这类植食性恐龙包括剑龙、三角龙和甲龙。

副栉龙

优头甲龙

剑龙

三角龙

体形与成长

恐龙的体形从家鸡般大小到身长超过 30 米都有。它们的生活方式、生长速度和生命周期也存在巨大的差别。

现在已知的最小的恐龙之一是肉食性的秀颌龙。成年秀颌龙身长约 90 厘米，但是绝大部分长度为颈部和尾部，体重仅 2.2 千克，体形只有家养鸡大小。

2.2千克

对恐龙的生长环境的研究显示，一些大型长颈的植食性恐龙的寿命可能有 100 岁。

100 岁

对蒙大拿的慈母龙巢的研究表明，慈母龙刚孵化出来时只有30厘米长。

30 厘米

但是通过父母为期1年的喂养，它们能长到4.5米并能离巢生活。

4.5 米

3 年后，它们能长到约 9 米长。

9 米

温血还是冷血

恐龙是远古的爬行动物，和鳄鱼有很深的亲缘关系，鸟类也源自这种古代巨兽。我们知道，鳄鱼是冷血动物，鸟类是温血动物，那恐龙呢？

"因为鸟类是从恐龙进化而来的，所以恐龙是温血动物。""恐龙和鳄鱼都是爬行动物，爬行动物都是冷血动物。"……其实答案并没有那么简单，因为冷血动物和温血动物之间的界限并不那么分明。

恐龙到底是温血动物还是冷血动物呢？其实，没有人知道确切答案，下面的每一种设想都有可能是真的：

第一，冷血的主龙类祖先的一支进化成了恐龙，因此早期的恐龙有可能是冷血动物；

第二，如果像很多古生物学家认为的那样，鸟类是从小型肉食恐龙进化来的，那么有可能有一支特殊的冷血恐龙进化成了温血的鸟类；

第三，"有这样一种可能性，"有古生物学家说，"恐龙可能处在温血和冷血中间的代谢模式。在现在的物种中我们见不到这种代谢模式，但这并不意味着这种代谢模式过去不存在。"

恐龙化石

"化石"一词源于拉丁语，原意是"被埋起来的"。古生物学家研究化石，目的是更多地了解远古生物是如何进化成现代状态的。

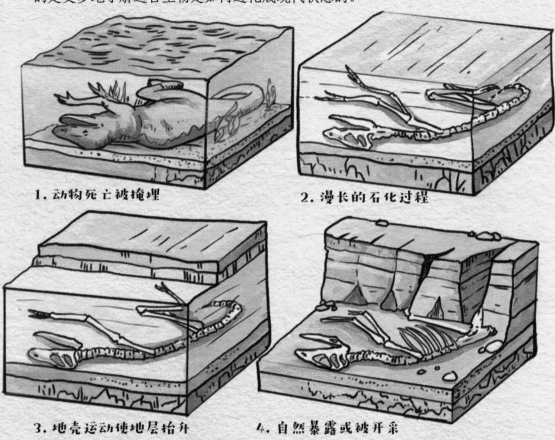

1. 动物死亡被掩埋

2. 漫长的石化过程

3. 地壳运动使地层抬升

4. 自然暴露或被开采

丹麦地质学家尼古拉斯·斯丹诺认为：岩石是一层一层堆积起来的，时间久的往往被压在下面。英国地质学家威廉·史密斯发现：化石一般与它藏身的石层同龄，而且有些动植物只在地球历史中的某一阶段存在，可用于确定地层地质年代。这样的化石被称为标准化石。

物理学则提供了另一种推测化石年代的方法。在沉积过程中，大自然中到处可见的放射性原子也被锁在当中。由于它们以持续的速度不断衰变，而它们最初的数量是可知的，科学家便可以根据剩余的原子数量推算出化石的年龄。

目前，古生物学家对恐龙的研究都是在恐龙化石的基础上进行的。

技术再现恐龙

不用接触恐龙化石，就可以检查一只恐龙的大脑尺寸，也可以感受它发达的运动神经……借助计算机断层扫描技术，还可以实现更多想法。

计算机断层扫描利用 X 射线技术，能捕捉一块化石上每个毫米大小的片段的影像，并且不会对化石标本造成任何损坏。每一个片段都被数字化后，可以重新聚合。在一台正常尺寸的电脑显示器上，研究者可以查看一根庞大的恐龙骨骼化石，也可以查看一块软组织。

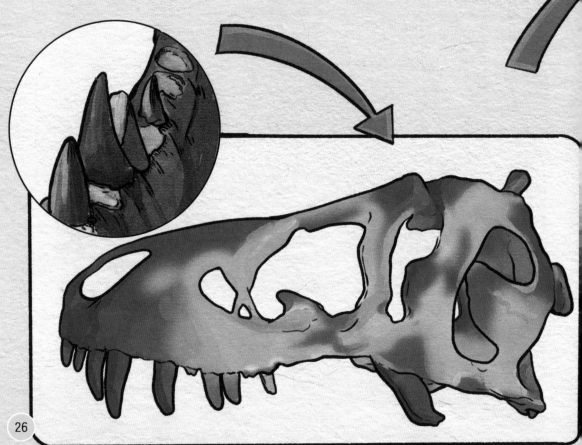

科学家还能通过色素体
复原恐龙的肤色

X 射线荧光技术

一个由古生物学家、地质化学家和物理学家组成的国际小组，使用一种同步加速射线的 X 射线荧光成像技术，对始祖鸟化石的化学成分进行了研究。

第一个始祖鸟化石标本在 160 多年前被发现，比达尔文发表《物种起源》仅晚两年，这个发现成了进化论的强大证据。此后，又有 10 个样本被陆续发现。科学家无数次地观察分析这些化石，甚至使用了 CT 技术，却始终没能揭示隐藏在化石表面下的化学痕迹。

后来，科学家引导发丝一样的 X 射线束穿过始祖鸟的化石。通过记录 X 射线束在化石中的反应，精确地分辨出哪些化学元素隐藏在哪里。就这样，科学家绘制出始祖鸟的化学图谱，揭示了始祖鸟生前体内存在的化学元素。在对每一种元素进行研究后，科学家发现了化石与周围岩石沉积质的区别，确定了这些化学元素确实存在于始祖鸟体内，而不仅是从周围的岩石渗透到化石中的。

化学图谱显示，化石的羽毛中含有磷（lín）和硫，这些是现代鸟类羽毛的组成成分。始祖鸟骨头中还有铜和锌的痕迹，就像现在的鸟一样，始祖鸟可能也需要这些元素来保持健康。

铜

锌

硫

磷

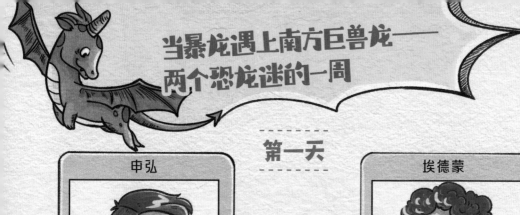

当暴龙遇上南方巨兽龙——
两个恐龙迷的一周

申弘

10 岁 生在中国，住在杭州

两个男孩就读的学校每年有一次互动。

埃德蒙

11 岁 生在美国，住在中国香港

今年夏天，杭州时代小学的十几名四年级学生到香港国际学校交流一个星期。申弘成了埃德蒙的伙伴，白天一起上学，晚上一起回家。

来到埃德蒙的家，申弘一眼就看见了贴在玻璃窗上的大幅恐龙海报。

你喜欢恐龙？

当然，我是恐龙小专家，我有100多个恐龙模型。你有什么关于恐龙的问题就问我吧。

我也是恐龙迷！我还会用积木自己做恐龙呢。

你做了怎样的积木恐龙呢？

当然是最厉害的霸王龙啦！就是暴龙！

暴龙不是最厉害的，我觉得南方巨兽龙才是。

什么？！真的吗？

埃德蒙刚想解释，却被妈妈打断。晚饭时间到了，为了欢迎申弘，她特地准备了香喷喷的牛肉馅墨西哥卷饼。两个孩子暂时忘了恐龙，坐在饭桌前狼吞虎咽地大嚼起来。

第二天，埃德蒙和申弘放学回家后就迫不及待地打开玩具柜。不一会儿，大大小小的恐龙模型分成左右阵营，占领了客厅的地毯。申弘的恐龙部队以一只暴龙打头阵，埃德蒙给自己挑的先锋是一只南方巨兽龙。

你看，我的南方巨兽龙比你的大。

那就是个模型，不是真的。

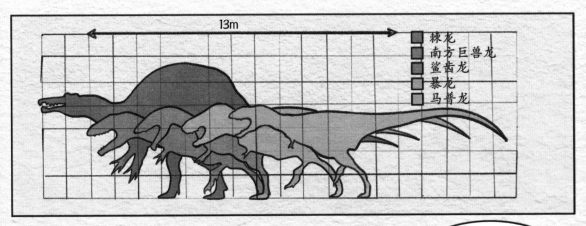

就算是这样，可我的暴龙力气大，会打架。

我的也是。你知道吗？南方巨兽龙有13米长，比暴龙要长1米。

南方巨兽龙也会打架，它比暴龙还重两吨呢。

可是，个子大就一定会打架吗？比如说，棘龙有18米长，比你的南方巨兽龙还大，要是它们打架，谁能赢呢？

今天的科学课可以自选题目做研究，埃德蒙和申弘不约而同选择了恐龙。昨天没说完的话题又开始了，连老师都闻声走了过来。

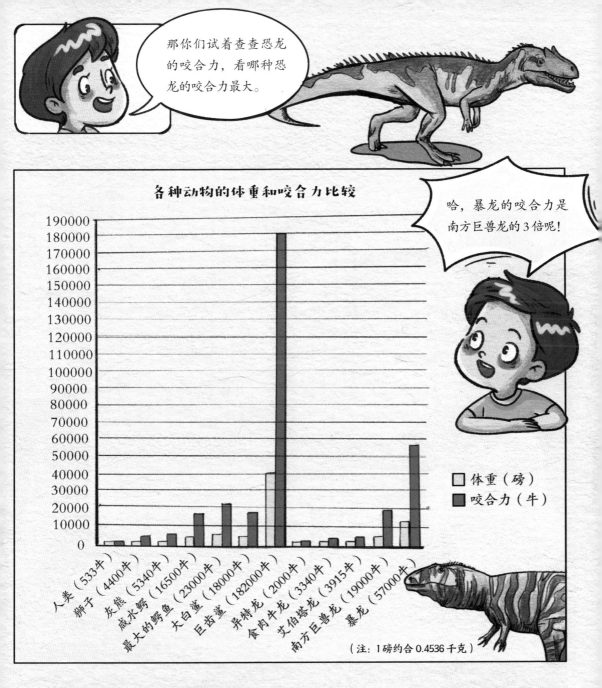

那你们试着查查恐龙的咬合力，看哪种恐龙的咬合力最大。

哈，暴龙的咬合力是南方巨兽龙的3倍呢！

各种动物的体重和咬合力比较

图例：
- 体重（磅）
- 咬合力（牛）

横轴标注：
人类（533牛）、狮子（4400牛）、灰熊（5340牛）、咸水鳄（16500牛）、最大的鳄鱼（23000牛）、大白鲨（18000牛）、巨齿鲨（182000牛）、异特龙（2000牛）、食肉牛龙（3340牛）、艾伯塔龙（3915牛）、南方巨兽龙（19000牛）、暴龙（57000牛）

（注：1磅约合0.4536千克）

　　埃德蒙和申弘查到的数据显示，异特龙、食肉牛龙、艾伯塔龙的咬合力和狮子、灰熊差不多，南方巨兽龙和大白鲨旗鼓相当。不过最令两个孩子惊讶的是，恐龙时代之后才出现的巨齿鲨，咬合力竟然把暴龙远远甩在了后面。

　　遗憾的是，棘龙的咬合力数据一直找不到。不过，棘龙的化石复原图显示，它的头骨狭长，形状像鳄鱼，棘龙的猎物又以鱼为主。埃德蒙和申弘以此判断棘龙的战斗力难以与暴龙和南方巨兽龙并驾齐驱。

下午放学后，埃德蒙和申弘没有马上回家，而是留在学校打篮球。申弘的特长是利用自己结实的体格快步上篮，埃德蒙则以身高优势紧逼防守抢篮板球。两个孩子在篮球场上打得正热闹时，埃德蒙突然抱着球停了下来：

不知道，不过跑得快的恐龙肯定攻击力更强。

申弘，暴龙和南方巨兽龙谁跑得更快？

我当然知道，他是奥运会冠军呢！如果恐龙去追他的话，你觉得他能跑掉吗？

我同意。你知道世界上跑得最快的人博尔特吗？他跑100米只需9.58秒。

不知道，回去查一查吧。咱们比赛看谁跑得快！

用电脑经过一番搜索，埃德蒙和申弘分别从两份研究报告中查到了相关数据。

申弘用计算器算了一下，博尔特的世界纪录是 10.44 米 / 秒。暴龙的最大速度是 9 米 / 秒，南方巨兽龙是 14 米 / 秒。博尔特虽然可能躲过暴龙的追击，但跑不出南方巨兽龙的爪心。

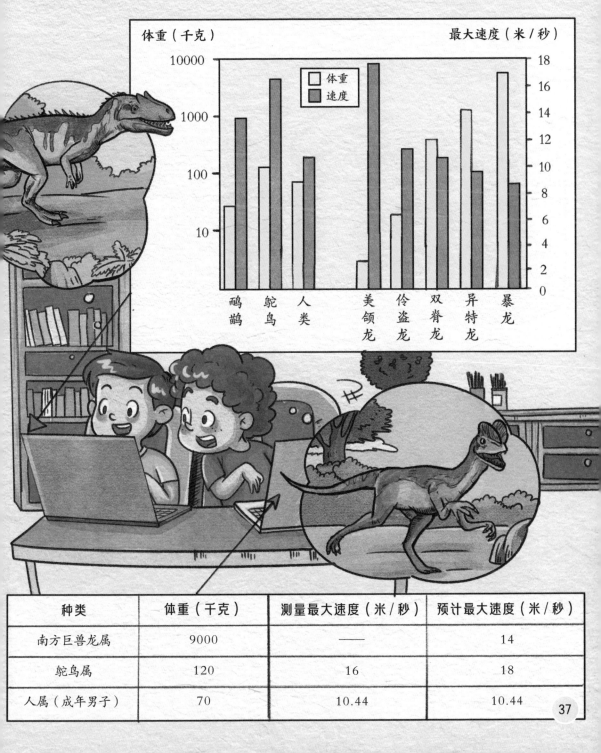

种类	体重（千克）	测量最大速度（米 / 秒）	预计最大速度（米 / 秒）
南方巨兽龙属	9000	——	14
鸵鸟属	120	16	18
人属（成年男子）	70	10.44	10.44

第五天

到星期五了。这是杭州时代小学的同学们在香港国际学校的最后一天，也是一年一度的"中国日"。全校一起庆祝农历新年，所有学生都要穿中国传统服装。

一大早，申弘自己穿上了蒙古族的骑马服。埃德蒙穿上颜色鲜艳的长袍马褂，跑到镜子前一看，笑弯了腰。

上午的第一项演出是申弘和其他从杭州来的孩子一起表演民族舞蹈，压轴的是学生交响乐团合奏新春音乐，埃德蒙是大提琴手之一。空闲的时间，申弘和埃德蒙便用中华武术展台旁放着的表演用的兵器比画起来。

正好科学教室的门还开着，两个男孩打开电脑，查到最大的暴龙头骨化石有 1.5 米长，最大的南方巨兽龙头骨化石有 1.6 到 1.8 米长。埃德蒙还没来得及欢呼，申弘就问："难道脑袋大就一定聪明吗？最聪明的伤齿龙脑袋很小的呀。"

1.5m

1.6—1.8m

经申弘这么一问，埃德蒙也意识到高兴得早了。也许，真正的聪明程度跟脑容量和体形大小都有关系。他们接着去查更多数据……

如果那颗小行星没有在 6550 万年前击中地球，现在最高级的智能生物可能就是伤齿龙的后代。

今天，埃德蒙和申弘一起去海洋公园。鲨鱼馆中，大大小小的鲨鱼无声地游弋（yì）。工作人员拿来成块的鱼肉，几条大鲨鱼迅速游动，鱼肉转眼就被抢光了。

我还是觉得暴龙最凶猛。

南方巨兽龙再厉害，也是鲨齿龙科的，牙齿像鲨鱼，用来撕肉吃。暴龙可是连骨头都能咬得稀巴烂。暴龙的猎物太难抓了，三角龙头上的尖角、甲龙身上的厚壳和尾巴上的大锤子都是专门用来对付暴龙的，但是最后暴龙都能把它们吞掉。

这个事实埃德蒙无法否认，因为他知道暴龙的粪化石里常常含有三角龙和甲龙的碎骨。不过他还是要力挺自己最钟爱的南方巨兽龙。

× 20

南方巨兽龙的猎物是阿根廷龙，那可是中生代最大的植食性恐龙，有20头大象那么重，一抬脚就能把个头小点儿的恐龙踩扁。南方巨兽龙专吃阿根廷龙，要是一个南方巨兽龙打不过，它们还会集体行动呢。

第七天

申弘今天要坐飞机回家过春节了，暴龙和南方巨兽龙的最强之争仍未分出胜负。埃德蒙打算明天就给他打电话，继续他们的恐龙讨论。6月底，埃德蒙学校的孩子们要去杭州回访，埃德蒙已经等不及了……

埃德蒙决心长大后要当古生物学家，走遍世界，去发现更高、更大、更厉害的新恐龙。

申弘长大后要当积木设计师，建造一个大型积木侏罗纪公园，里面有所有他喜欢的恐龙。

埃德蒙和申弘只相处一个星期，就成了最好的朋友。

未来科学家小测试

1. 以下年代顺序错误的是（　　）。

　A. 二叠纪、三叠纪、侏罗纪。

　B. 三叠纪、侏罗纪、白垩纪。

　C. 白垩纪、侏罗纪、古近纪。

2. 以下是植食性恐龙的是（　　）。

　A. 异特龙。

　B. 镰刀龙。

　C. 棘龙。

3. 以下关于恐龙的说法错误的是（　　）。

　A. 现在已知的最大的恐龙之一是肉食性的秀颌龙。

　B. 一些大型长颈的植食性恐龙的寿命可能有 100 岁。

　C. 美颌龙和火鸡差不多大。

4. 下列哪种动物的咬合力最大？（　　）

　A. 暴龙。

　B. 南方巨兽龙。

　C. 巨齿鲨。

5. 以下说法错误的是（　　）。

　A. 化石一般与它藏身的石层同龄。

　B. 目前，古生物学家对恐龙的研究都是在恐龙化石的基础上进行的。

　C. 岩石是一层一层堆积起来的，时间久的往往在上面。

答案：1.C，2.B，3.A，4.C，5.C。

编委会

图书在版编目（CIP）数据

恐龙大探索 / 小多科学馆编著 ; 石子儿童书绘. --北京 : 电子工业出版社, 2024.1
（未来科学家科普分级读物. 第一辑）
ISBN 978-7-121-45650-3

Ⅰ.①恐… Ⅱ.①小… ②石… Ⅲ.①恐龙 – 少儿读物 Ⅳ.①Q915.864-49

中国国家版本馆CIP数据核字（2023）第089993号

责任编辑：赵　妍　季　萌
印　　刷：当纳利（广东）印务有限公司
装　　订：当纳利（广东）印务有限公司
出版发行：电子工业出版社
　　　　　北京市海淀区万寿路173信箱　邮编：100036
开　　本：889×1194　1/16　印张：18　字数：333.3千字
版　　次：2024年1月第1版
印　　次：2024年1月第1次印刷
定　　价：138.00元（全6册）

　　凡所购买电子工业出版社图书有缺损问题，请向购买书店调换。若书店售缺，请与本社发行部联系，联系及邮购电话：（010）88254888，88258888。
　　质量投诉请发邮件至zlts@phei.com.cn，盗版侵权举报请发邮件至dbqq@phei.com.cn。
　　本书咨询联系方式：（010）88254161转1860，jimeng@phei.com.cn。